Der Räumungs- oder Evakuierungs-helfer

Grundwissen und Aufgaben

Ehrlich

ecomed
SICHERHEIT

Bibliografische Informationen der Deutschen Nationalbibliothek

Die Deutsche Nationalbibliothek verzeichnet diese Publikation in der Deutschen Nationalbibliografie; detaillierte bibliografische Daten sind im Internet über http://www.dnb.de abrufbar.

Bei der Herstellung des Werkes haben wir uns zukunftsbewusst für umweltverträgliche und wiederverwertbare Materialien entschieden.

In der vorliegenden Broschüre wird die Sprachform des generischen Maskulinums angewendet. Es wird darauf hingewiesen, dass die ausschließliche Verwendung der männlichen Form geschlechtsunabhängig zu verstehen ist.

ISBN 978-3-609-69465-8

E-Mail: kundenbetreuung@ecomed-storck.de
Telefon: 089/2183-7922
Telefax: 089/2183-7620

Landsberg am Lech
www.ecomed-storck.de

Umschlagfotos: Adobe Stock

www.ecomed-storck.de

Satz: FotoSatz Pfeifer, Krailling
Druck: Printed in Germany

1. Einleitung

Bei einem Brand in einem Unternehmen mit großem Fertigungs- oder Verwaltungsbereich, in einem Krankenhaus oder einer Pflegeeinrichtung während des Tagesbetriebes, im weitläufigen Gebäude einer Stadtverwaltung oder einer Behörde, in einem verwinkelten Kinokomplex mit zahlreichen Vorführsälen, einem Supermarkt oder einer sog. „Einkaufs-Mall" mit zahlreichen Geschäften und in vielen anderen vergleichbaren Bereichen, in denen sich üblicherweise eine recht große Zahl gefährdeter Personen aufhält, sollten die Brandschutzhelfer durch sogenannte Räumungshelfer (auch Evakuierungshelfer genannt) unterstützt werden. Aus Gründen der Kompaktheit dieser Broschüre wird nachfolgend lediglich vom Räumungshelfer gesprochen, gemeint ist damit aber immer auch der sog. „Evakuierungshelfer", da im Alltag beide Begriffe häufig synonym gebräuchlich sind.

Hinweis: Der Ausschuss für Arbeitsstätten (ASTA) hat beschlossen, dass Evakuierung der maßgebende Begriff im Bereich der Sicherheit und Gesundheit bzw. übergeordnet zum Begriff „Räumung" anzusehen ist (siehe DGUV Information 205-033 „Alarmierung und Evakuierung").

Die besondere Aufgabe dieser Räumungshelfer besteht darin, die Räumung eines großen Gebäudekomplexes während des „Feueralarms“ in kurzer Zeit sicherzustellen, indem gefährdete Personen geleitet und begleitet werden auf dem Weg zum Notausgang und zudem sensibel kontrolliert wird, dass der zugewiesene Bereich tatsächlich vollständig geräumt worden ist.

Dies erfordert nicht nur eine sehr gute Kenntnis der Fluchtwegesituation, sondern auch regelmäßige Schulung im Umgang mit zum Beispiel Notausgangstür-Verriegelungen oder mit der Bedienung von Rauch- und Wärmeabzugsanlagen.

Die „Bestellung“ von Räumungshelfern ist zwar nicht klar rechtsverbindlich vorgegeben, aber als Orientierung kann zunächst einmal gelten, dass überall dort, wo Lage, Ausdehnung und Größe eines Betriebes oder einer Behörde einen „Flucht- und Rettungsplan“ erforderlich machen, auch die Räumungshelfer zum Standard gehören sollten.

Die Arbeitsstättenregel ASR A2.3 (Fluchtwege und Notausgänge, Flucht- und Rettungsplan) sieht Flucht- und Rettungspläne vor allem dort als „erforderlich“, wo die Führung der Fluchtwege unübersichtlich ist und zudem mit einem hohen Anteil ortsunkundiger Personen gerechnet werden muss. Dies allein macht deutlich, warum es dort auch Räumungshelfer geben muss, denn die „Flucht“ aus dem Gebäude im Falle eines Brandereignisses benötigt hier die Unterstützung von Personen, die sich in „ihrem“ Gebäude ausgezeichnet auskennen.

Wenn in einem Betrieb, einem Verwaltungsgebäude oder einer Behörde zudem schon Brandschutzhelfer benannt sind, ist dies ein weiterer Ansatzpunkt, auch über die ergänzende Bestellung von Räumungshelfern nachzudenken.

Es dürfte schlüssig sein, dass es nicht sinnvoll ist, wenn die kleine Dorfschreinerei mit zwei Gesellen und einem Meister Räumungshelfer benennt, gleichwohl aber der Kunststoff verarbeitende Betrieb mit großen Produktionshallen und weitläufigem Gelände.

So wie nun die sog. Brandschutzhelfer im Rahmen regelmäßiger Schulungen auf den Ernstfall vorbereitet werden, ist dies auch bei den Räumungshelfern üblich.

Diese Broschüre gibt einen Überblick zu den Inhalten solcher Schulungen und verbindet dies mit Hinweisen zu wichtigen Rechtsgrundlagen, zu Aspekten des vorbeugenden Brandschutzes und zum Aufbau von Flucht- und Rettungsplänen sowie darin vorhandenen Piktogrammen.

Regelmäßige Unterweisung!

In jedem Unternehmen müssen die Beschäftigten regelmäßig, mindestens einmal jährlich, über die in ihrem Arbeitsbereich vorhandenen Brandgefahren und Brandschutzeinrichtungen (Feuerlöscheinrichtungen, Wandhydranten, Alarmierungseinrichtungen etc.) sowie das Verhalten im Gefahrenfall (Gebäuderäumung, Flucht- und Rettungswege, Sammelplatz) geschult werden.

Neue Mitarbeiter sind im Rahmen der Erstunterweisung über die wichtigsten betrieblichen Brandschutzaspekte zu informieren.

Diese Schulungen müssen darüber hinaus dokumentiert werden.

■ Räumungshelfer

So wie der Arbeitgeber auf Grundlage des Arbeitsschutzgesetzes sowie ergänzender Rechtsgrundlagen wie etwa

der Arbeitsstättenregel ASR A2.2 („Maßnahmen gegen Brände") für die sog. „Bestellung" und Ausbildung von Brandschutzhelfern zuständig ist, hat dies auch für den Bereich der Räumungshelfer in dieser Form Gültigkeit. Die Berechnung der notwendigen Anzahl von Räumungshelfern kann nach demselben Schlüssel erfolgen wie bei den Brandschutzhelfern auch: Bei normaler Brandgefährdung (z.B. überwiegender Büronutzung eines Bereiches) sollten etwa 5 % der Beschäftigten als Räumungshelfer bestellt werden, wobei vorab schon zu berücksichtigen ist, dass es durch Schichtbetrieb, Fortbildung, Urlaub, Krankheit oder anderen Faktoren zu Ausfällen kommen kann.

Besteht in einem Unternehmen oder einer Behörde eine erhöhte Gefährdungssituation, etwa durch die Produktionsverfahren bzw. durch besondere Roh-, Hilfs- oder Betriebsstoffe, die dort verwendet werden oder aber durch ein hohes Aufkommen an Fremdpersonen, die sich regelmäßig dort aufhalten (z.B. in einem Finanzamt oder vergleichbaren Behörden), so muss dies ebenfalls in die Berechnung der notwendigen Zahl der Räumungshelfer einfließen.

Die **Ausbildung bzw. Schulung der Räumungshelfer** sollte sinnvollerweise gemeinsam mit den Brandschutzhelfern erfolgen, da bei einem Brandereignis bzw. einem Räumungsalarm beide Gruppen miteinander wirken und sich die Tätigkeitsbereiche zum Teil auch überschneiden.

Während aber beim Brandschutzhelfer vor allem der Umgang mit Feuerlöscheinrichtungen zur Bekämpfung von Entstehungsbränden im Vordergrund steht, sind Räumungshelfer in erster Linie dazu da, gefährdeten Personen eine sichere Flucht zu ermöglichen sowie in zugewiesenen Bereichen zu kontrollieren, ob nicht doch ggf. Personen zurückgeblieben sind, etwa in Toiletten oder Lagerräumen und Ähnlichem mehr.

Aus ökonomischen und auch aus sachlichen Gründen sollten daher die Ausbildungsinhalte von Brandschutz- sowie Räumungshelfern weitgehend identisch sein:

- Basiswissen zur Prävention von Bränden im eigenen Tätigkeitsbereich
- Basiswissen zur Schaffung sicherer Flucht- und Rettungswege im täglichen Betrieb und im Notfall

- Handhabung von Feuerlöscheinrichtungen wie Feuerlöschern, Wandhydranten, sonstigen Sonderlöschmitteln wie Löschdecken- und -brausen sowie von Löschgasen (z.B. Inertgase) und anderen Löschmitteln, etwa für Metallbrände
- Handhabung von Rauch- und Wärmeabzugsanlagen

Darüber hinaus sollten die Räumungshelfer, orientiert am jeweils eigenen Tätigkeitsbereich, darin geschult werden, auf gefährdete Personen zuzugehen und diesen beim Verlassen des Gebäudes als Lotse zu dienen. Dies erfordert Fingerspitzengefühl, wenn die gefährdeten Personen zum Beispiel hör- oder sehgeschädigt sind oder aber nicht immer deutschsprachig, wie das z.B. in einer Ausländerbehörde der Fall sein kann. Auf solche möglichen Situationen und den richtigen Umgang damit sollte die Schulung der Räumungshelfer eingehen.

Zudem sollte aber auch Bestandteil der Schulung sein, wie die Sicherheitsverriegelungen an den Notausgangstüren bedient werden, um dort eine sichere Flucht ins Freie zu ermöglichen.

© Gehkah/stock.adobe.com

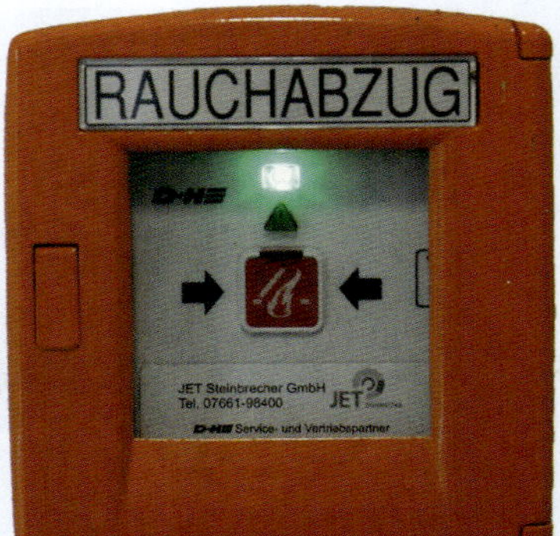

© Peter Mack

drücken
NOTAUSGANG ALARMGESICHERT
G.F.S. HAMBURG
1.
2.

Nicht zuletzt muss es Teil der Schulung der „Räumungshelfer“ sein, die diversen Orte im Gebäude zu thematisieren, an denen sich ggf. trotz Räumung noch Personen aufhalten könnten und die daher sehr gewissenhaft kontrolliert werden müssen.

Betriebe mit häufig wechselndem Personal sowie Saisonbetriebe, wie z.B. Kinos, Hotels und Gaststätten, stellen eine besondere Anforderung hinsichtlich der Ausbildungsquote und Schulungsfrequenz dar.

Der Arbeitgeber wird erst dann eine Person zum Räumungshelfer bestellen, wenn diese auch mit den betrieblichen Gegebenheiten vertraut ist. Hier ist die Anforderung indes noch um einiges höher, als dies bei den Brandschutzhelfern der Fall sein muss, da die exakte Kenntnis des Arbeitsbereiches und aller Fluchtwege sowie Räumlichkeiten zwingend notwendig ist.

Aufgaben der Räumungshelfer

Im normalen Alltagsbetrieb:

- Unterstützung des Brandschutzbeauftragten durch Meldung festgestellter *Mängel an Sicherheitskennzeichen bzw. Sicherheitseinrichtungen*
- Unterstützung des Brandschutzbeauftragten durch Meldung festgestellter *Mängel im Bereich von Flucht- und Rettungswegen*

Im Falle eines Räumungsalarmes:

- Begleitung von Personen aus dem Gebäude heraus zum Sammelplatz
- Bedienung von Rauch- und Wärmeabzugsanlagen im zugewiesenen Zuständigkeitsbereich

- Gezielte Ansprache von Personen im Gebäude während eines Räumungsalarmes und Aufforderung zum Verlassen des Gebäudes
- Unterstützung von Personen mit Gehhilfen, im Rollstuhl, mit Seh- bzw. Hörbehinderungen
- Begleitung von Kindern bzw. älteren Menschen
- Bedienung von Notausgangstüren mit ggf. besonderen Verriegelungen
- Sicherung von Notausgängen vor Personen-Rücklauf ins Gebäude
- Betreuung von Personen am Sammelplatz
- Kontrolle von zugewiesenen Bereichen im Gebäude nach ggf. noch zurückgebliebenen Personen
- Kommunikation mit Brandschutzbeauftragtem und Feuerwehr

Arbeitsschutzgesetz (ArbSchG)

Die wichtigste Rechtsgrundlage für die Organisation des Brandschutzes an Arbeitsplätzen ist das Arbeitsschutzgesetz.

Hier hat zunächst der **Arbeitgeber** die **Grundpflicht**, für die Sicherstellung des Arbeitsschutzes und der Arbeitssicherheit Sorge zu tragen und darüber hinaus hat er nach § 10 Abs. 1 ArbSchG

> „Maßnahmen zu treffen, die zur Ersten Hilfe, Brandbekämpfung und Evakuierung der Beschäftigten erforderlich sind"

und er hat darüber hinaus

> „der Anwesenheit anderer Personen Rechnung zu tragen."

Dies kann der Arbeitgeber jedoch nicht allein bewältigen, wenn es sich um eine Arbeitsstätte mit einer hohen

Zahl an Beschäftigten und ggf. fremden Personen handelt. Deshalb regelt § 10 Abs. 2 ArbSchG den Aspekt der Brandschutzhelfer bzw. der Räumungshelfer:

> „Der Arbeitgeber hat diejenigen Beschäftigten zu benennen, die Aufgaben der Ersten Hilfe, Brandbekämpfung und Evakuierung der Beschäftigten übernehmen. Anzahl, Ausbildung und Ausrüstung [...] müssen in einem angemessenen Verhältnis zur Zahl der Beschäftigten und zu den bestehenden besonderen Gefahren stehen."

Weiter regelt § 16 ArbSchG sogenannte „**Besondere Unterstützungspflichten**", was bedeutet, dass **jeder Beschäftigte** in einer Arbeitsstätte dazu verpflichtet ist, festgestellte Gefahren zu melden – das kann ein technischer Defekt sein, aber auch der Hinweis auf versperrte Flucht- und Rettungswege oder fehlende Sicherheitskennzeichen.

So wie zunächst der Arbeitgeber und nachfolgend der Brandschutzbeauftragte, die Brandschutzhelfer und die Räumungshelfer dafür geschult sein sollten, einen „Blick" für Gefahren und Probleme zu entwickeln, müssen aber auch alle anderen Mitarbeiter einer Arbeitsstätte in der Lage sein, ihren Arbeitsplatz unter den Gesichtspunkten von Arbeits- und Brandschutz zu betrachten.

Wenn es um die Räumung eines Gebäudes geht, dann muss auch die

■ Arbeitsstättenverordnung (ArbStättV)

genannt werden, in der die **Räumungshelfer in § 4 Abs. 4** die zentralen Aussagen für ihre **Tätigkeit** finden:

„Der Arbeitgeber hat dafür zu sorgen, dass Verkehrswege, Fluchtwege und Notausgänge ständig freigehalten werden, damit sie jederzeit benutzbar sind. Der Arbeitgeber hat Vorkehrungen so zu treffen, dass die Beschäftigten bei Gefahr sich unverzüglich in Sicherheit bringen und schnell gerettet werden können. Der Arbeitgeber hat einen Flucht- und Rettungsplan aufzustellen, wenn Lage, Ausdehnung und Art der Benutzung der Arbeitsstätte dies erfordern. Der Plan ist an geeigneten Stellen in der Arbeitsstätte auszulegen oder auszuhängen. In angemessenen Zeitabständen ist entsprechend diesem Plan zu üben."

Nun definiert zwar die ArbStättV all das als Pflichten des Arbeitgebers. Dieser wiederum delegiert dies aber an Brandschutzbeauftragte, Brandschutzhelfer und Räumungshelfer, so dass klar wird, dass jede dieser Personengruppen dafür auch dann zuständig ist, wenn es KEINEN Notfall gibt.

Die Prävention ist also wichtiger Bestandteil des Aufgabenbereiches eines Räumungshelfers.

Zum organisatorischen (betrieblichen) Brandschutz zählen mindestens folgende Maßnahmen, die die baulichen und anlagentechnischen Brandschutzmaßnahmen ergänzen:

- Unternehmensspezifische Brandrisikoanalyse,
- Aushang der Brandschutzordnung Teil A,
- Aushändigung der Brandschutzordnung Teil B an alle Beschäftigten eines Betriebs,
- Aushändigung der Brandschutzordnung Teil C an alle Beschäftigten, die Brandschutzaufgaben haben,
- Aushang von Flucht- und Rettungsplänen,
- Kennzeichnung und Freihaltung von Flucht- und Rettungswegen (gem. ASR A1.3 und ASR A2.3)
- Wiederkehrende Wartung der technischen Brandschutzeinrichtungen
- Regelmäßige Schulungen (ASR A2.2) und Räumungsübungen (ASR A2.3)
- Feuerwehrplan zur Orientierung für die Feuerwehr
- Meldergruppenkarten zum Auffinden ausgelöster Brandmelder

Brandschutzordnung nach DIN 14096

Als Brandschutzordnung wird die Regelung für das Verhalten der Personen innerhalb eines Gebäudes oder Betriebs im Brandfall sowie für die Maßnahmen, welche Brände verhüten sollen, bezeichnet. Die Gliederung und Gestaltung einer Brandschutzordnung wird durch die DIN 14096 „Brandschutzordnung“ vorgegeben.

Brände verhüten

Keine offene Flamme; Feuer, offene Zündquelle und Rauchen verboten

Verhalten im Brandfall

Ruhe bewahren

Brand melden

- Handfeuermelder betätigen
- Notruf 112

In Sicherheit bringen

- Gefährdete Personen warnen/ Hausalarm betätigen
- Hilflose mitnehmen
- Türen schließen
- Gekennzeichneten Fluchtwegen folgen
- Aufzug nicht benutzen
- Sammelstelle aufsuchen
- Auf Anweisungen achten

Löschversuch unternehmen

- Feuerlöscher benutzen
- Löschschlauch benutzen
- Mittel und Geräte zur Brandbekämpfung benutzen

Brandschutzordnung Teil A nach DIN 14096

für das Objekt: .... erstellt am: ....

Teil A richtet sich an alle Menschen, die sich in dem Gebäude des Unternehmens aufhalten. Dieser Teil umfasst in der Regel eine DIN A4-Seite, ist an mehreren Stellen gut sichtbar ausgehängt und enthält die wichtigsten Verhaltensregeln im Brandfall.

Teil B richtet sich vor allem an die Mitarbeiter des Unternehmens. Er enthält wichtige Regeln zur Verhinderung von Brand- und Rauchausbreitung, zur Freihaltung der Flucht- und Rettungswege und weitere Regeln, die das Verhalten im Brandfall betreffen. Teil B wird allen Mitarbeitern in schriftlicher Form ausgehändigt.

Teil C richtet sich an die Mitarbeiter des Unternehmens, die mit besonderen Brandschutzaufgaben betraut sind (z.B. Brandschutzbeauftragter und Brandschutzhelfer). Diese Aufgaben sind in der DGUV Information 205-003 „Aufgaben, Qualifikation, Ausbildung und Bestellung von Brandschutzbeauftragten“ nachzulesen.

Flucht- und Rettungspläne

Flucht- und Rettungspläne basieren auf der DIN ISO 23601, stellen Gebäude oder Teile von Gebäuden in ihrem Grundriss dar und dienen der Darstellung der Flucht- und Rettungswege für den Fall eines Brandes sowie darüber hinaus der Standorte der Erste-Hilfe-Einrichtungen und der brandschutztechnischen Einrichtungen für die Selbsthilfe. Der Flucht- und Rettungsplan ist nicht grundsätzlich für jedes Gebäude vorgeschrieben, sondern nur dann aufzustellen, wenn „Lage, Ausdehnung und die Art der Nutzung“ des Gebäudes dies erfordern. Genaueres ist durch jeweilige Sondervorschriften geregelt.

Neben der DIN ISO 23601 sind die Anforderungen an Flucht- und Rettungspläne auch in den Technischen Regeln für Arbeitsstätten (ASR A1.3, ASR A2.3) beschrieben.

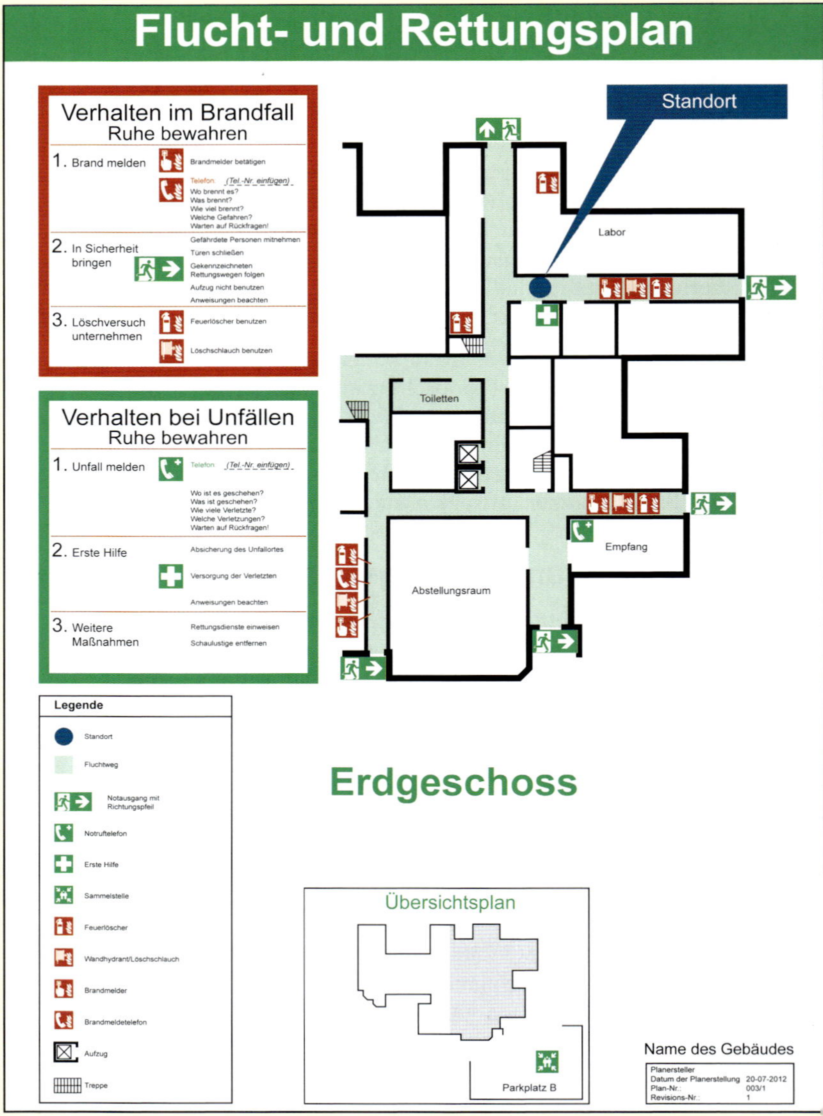

Flucht- und Rettungsplan
Verhalten im Brandfall
Ruhe bewahren
1. Brand melden
Brandmelder betätigen
Telefon: (Tel.-Nr. einfügen)
Wo brennt es?
Was brennt?
Wie viel brennt?
Welche Gefahren?
Warten auf Rückfragen!
2. In Sicherheit bringen
Gefährdete Personen mitnehmen
Türen schließen
Gekennzeichneten Rettungswegen folgen
Aufzug nicht benutzen
Anweisungen beachten
3. Löschversuch unternehmen
Feuerlöscher benutzen
Löschschlauch benutzen
Verhalten bei Unfällen
Ruhe bewahren
1. Unfall melden
Telefon (Tel.-Nr. einfügen)
Wo ist es geschehen?
Was ist geschehen?
Wie viele Verletzte?
Welche Verletzungen?
Warten auf Rückfragen!
2. Erste Hilfe
Absicherung des Unfallortes
Versorgung der Verletzten
Anweisungen beachten
3. Weitere Maßnahmen
Rettungsdienste einweisen
Schaulustige entfernen
Standort
Labor
Toiletten
Empfang
Abstellungsraum
Legende
Standort
Fluchtweg
Notausgang mit Richtungspfeil
Notruftelefon
Erste Hilfe
Sammelstelle
Feuerlöscher
Wandhydrant/Löschschlauch
Brandmelder
Brandmeldetelefon
Aufzug
Treppe
Erdgeschoss
Übersichtsplan
Parkplatz B
Name des Gebäudes
Planersteller
Datum der Planerstellung 20-07-2012
Plan-Nr.: 003/1
Revisions-Nr.: 1

Sicherheitszeichen nach ASR A1.3

<table>
<tr>
<td>
F001
Feuerlöscher</td>
<td>
F002
Löschschlauch</td>
<td>
F003
Feuerleiter</td>
<td>
W021
Warnung vor feuergefährlichen Stoffen</td>
</tr>
<tr>
<td>
F004
Mittel und Geräte zur Brandbekämpfung</td>
<td>
F005
Brandmelder</td>
<td>
F006
Brandmeldetelefon</td>
<td>
W028
Warnung vor brandfördernden Stoffen</td>
</tr>
<tr>
<td colspan="2">
Beispiel für Notausgang (E002) mit Zusatzzeichen (Richtungspfeil)</td>
<td>
E007
Sammelstelle</td>
<td>
W029
Warnung vor Gasflaschen</td>
</tr>
<tr>
<td>
D-E019
Notausstieg</td>
<td>
E016
Notausstieg mit Fluchtleiter</td>
<td>
P011
Mit Wasser löschen verboten</td>
<td>
P020
Aufzug im Brandfall nicht benutzen</td>
</tr>
</table>

In jedem Flucht- und Rettungsplan sind Regeln für das Verhalten im Brandfall und für das Verhalten bei Unfällen integriert, zudem beinhaltet der Plan eine Legende der verwendeten Sicherheitszeichen und Piktogramme.

Die Verhaltensregeln für den Brandfall sind den örtlichen Gegebenheiten anzupassen und ersetzen **nicht** die Brandschutzordnung Teil A nach DIN 14096! Diese ist unabhängig vom Flucht- und Rettungsplan zusätzlich auszuhängen.

Sinn und Zielsetzung des Flucht- und Rettungsplanes ist es, im Fall eines Brandes oder sonstigen Gefahrenfalles, die rasche Räumung eines Gebäudes bzw. die Flucht von Personen ins Freie oder in einen sicheren Bereich zu ermöglichen. Zudem sind im Flucht- und Rettungsplan die Standorte der im Gebäude vorzufindenden brandschutztechnischen Einrichtungen eingezeichnet, so dass etwa bei einem Entstehungsbrand Feuerlöscheinrichtungen rasch gefunden und Gegenmaßnahmen schnell eingeleitet werden können.

Der Plan muss deutlich und eindeutig den Standort des Betrachters angeben und auf diesen Standort bezogen lagerichtig angebracht sein. Außerdem muss der Flucht- und Rettungsplan auch bei Ausfall der Beleuchtungseinrichtungen noch lesbar sein, so dass besondere „nachleuchtende“ Beschichtungen oder die Hinterleuchtung des Planes erforderlich sein können.

Nicht zuletzt kann ein solcher Plan auch die Standorte der Sammelstellen anzeigen. Je nach Größe und Nutzerzahl eines Gebäudes werden ggf. mehrere Sammelpunkte ausgewiesen, an denen im Falle eines Brandes oder einer vergleichbaren Gefahr die Vollzähligkeit der Personen festgestellt werden kann, aber auch sofort erkennbar ist, wenn Personen vermisst werden.

Feuerwehrplan nach DIN 14095

Der Feuerwehrplan enthält eine bauliche und anlagentechnische Beschreibung des betreffenden Gebäudes einschließlich maßstabgerechter Lage- und Geschosspläne und wird in der Regel an der Brandmeldezentrale des Objektes in Papierform hinterlegt.

Feuerwehrpläne sind Führungsmittel im Einsatz der Feuerwehr, dienen der Einsatzvorbereitung, der besseren Orientierung sowie der Beurteilung der Gefahrenlage. Feuerwehrpläne sind durch den Betreiber oder den Eigentümer der Anlage regelmäßig alle zwei Jahre auf Aktualität zu überprüfen.

Feuerwehrpläne bestehen aus der allgemeinen Objektinformation, dem Übersichtsplan und Geschossplänen. Sonderpläne und weitere textliche Erläuterungen können zusätzlich erforderlich sein.

Die Abbildung zeigt den „Übersichtsplan“ als Teil des Feuerwehrplanes.

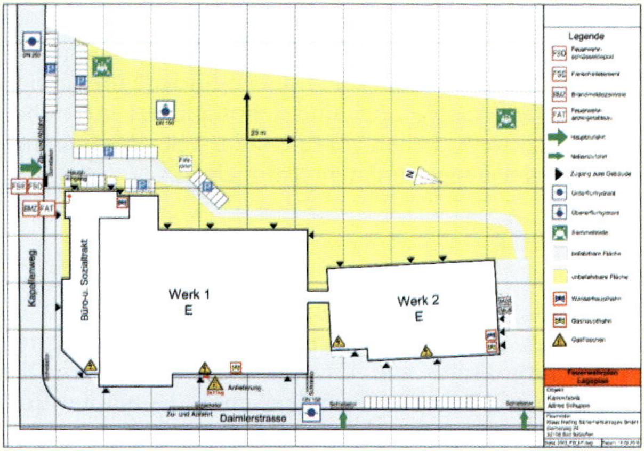

Rettungswege und Notausgänge

Fluchtwege

sind besonders gekennzeichnete Wege innerhalb von Gebäuden, die im Fall einer notwendigen Flucht schnell und sicher ins Freie oder in einen gesicherten Bereich führen. Ausgänge, wie Türen oder Fenster, die direkt aus einem Gebäude ins Freie oder in einen abgesicherten Bereich führen, nennt man Notausgang oder Notausstieg. Diese Fluchtwege, Notausgänge oder Notausstiege sind besonders gekennzeichnet und müssen für jede im Bereich befindliche Person schnell und unkompliziert auffindbar sein. Fluchtwege dienen vor allem der Selbstrettung und enden in der Regel auf einem Sammelplatz.

Rettungsweg

ist eine Bezeichnung, die im Brandschutz und dem Bauordnungsrecht verwendet wird. Rettungswege sind Verkehrswege, die den schnellen und sicheren Zugang für die Rettungskräfte und Einsatzkräfte ermöglichen. Sie dienen in der Regel der Brandbekämpfung und der Rettung und Bergung von verletzten Personen.

In den Bauordnungen werden für Rettungswege zwei Schutzziele definiert, die sich vor allem auf den Brandschutz beziehen:

1. im Brandfall die Rettung von Menschen und Tieren
2. Ermöglichung wirksamer Löscharbeiten

Rettungswege und Fluchtwege für die Rettung von Menschen und Tieren bilden meistens eine Einheit. Fluchtwege müssen so bemessen sein, dass die Personen, die sich zum Zeitpunkt einer besonderen Gefährdung in einem bestimmten abgeschlossenen Bereich aufhalten, dieses Objekt oder Gebäude möglichst schnell verlassen können. Fluchtwege dürfen weder verstellt noch verschlossen werden. Sie müssen so gekennzeichnet sein, dass ihr Verlauf durch eine Sicherheitsbeleuchtung oder lang nachleuchtende Leitmarkierung auch bei Ausfall der normalen Beleuchtung oder Verrauchung erkennbar ist (siehe ASR A2.3). Rettungswege müssen in erster Linie den ungehinderten Zugang für die Feuerwehr und Rettungskräfte und den Transport von Verletzten ermöglichen. Häufig ist der Verlauf von Flucht- und Rettungswegen identisch. Diese Verkehrswege müssen sowohl die Anforderungen an Fluchtwege als auch an Rettungswege erfüllen.

eter Mack

Brandmelde- und Feuerlösch- und sonstige Einrichtungen

Darunter fallen alle technischen Anlagen und Einrichtungen, welche zur Sicherstellung des Brandschutzes dienen. Zu den typischen, dem Brandschutz dienenden gebäudetechnischen Anlagen zählen insbesondere:

- Brandmeldeanlagen (BMA) nach DIN 14675
- Brandwarnanlagen (BWA) nach DIN VDE V 0826-2 (keine Aufschaltung zur Feuerwehr!)
- Rauchansaugsysteme, beispielsweise zur Unterstützung der Rauchdetektion in Fußböden- oder Deckenhohlräumen, die der Leitungsverlegung dienen
- optische und akustische Alarmierungsanlagen, in der Regel als Teil einer Brandmeldeanlage
- Rauch- und Wärmeabzugsanlagen (RWA)
- Anlagen zur Bevorratung von und Versorgung mit Löschwasser
- selbsttätige Feuerlöschanlagen (z.B. in Form von Sprinkleranlagen und Gaslöschanlagen) einschließlich der örtlichen Vorhaltung der zugehörigen Löschmittel
- nichtselbsttätige Feuerlöschanlagen (Wandhydranten) mit entsprechenden Schlauchanschlüssen mit trockenen oder nassen Steigleitungen
- Feststellanlagen für Rauchschutztüren in Flucht- und Rettungswegen
- Fluchttürterminals zur Steuerung und Überwachung von ins Freie oder in andere Brandabschnitte führenden Fluchttüren

- die Flucht- und Rettungswegbeleuchtung als Teil der Sicherheitsbeleuchtungsanlage
- manuell zu bedienende Feuerlöscher (so genannte Handfeuerlöscher)
- Überdrucklüftungsanlagen zur weitgehenden Vermeidung des Eindringens von Rauch in Flucht- und Rettungswege (z.B. in die Sicherheitstreppenräume von Hochhäusern)

Bitte machen Sie sich mit den oben aufgeführten Anlagen und Einrichtungen unbedingt vertraut und halten Sie sich auf dem Laufenden, wenn es dort Änderungen, Neuerungen und Anpassungen gibt!

Feuerlöscher

Ein Feuerlöscher ist ein tragbares Kleinlöschgerät mit einer Gesamtmasse von maximal 20 Kilogramm. Er dient dem Ablöschen von Klein- und Entstehungsbränden und enthält ein Löschmittel, das durch gespeicherten oder bei Inbetriebnahme erzeugten Druck ausgestoßen wird.

© Stefan Müller-fotolia.com

Feuerlöscher besitzen nach EN 3-5 fünf Schriftfelder:

1. Das Wort Feuerlöscher, die Füllmenge, Art des Löschmittels und dessen Löschvermögen.
2. Die Bedienungsanleitung in Schriftform und als Piktogramm, ebenso die Brandklassen, für die der Feuerlöscher geeignet ist.
3. Einen Warnhinweis für den Gebrauch bei elektrischen Anlagen.
4. Die Beschreibung des Löschmittels, des Treibmittels, des Funktionsbereiches, Nummer der Anerkennung und Typenbezeichnung.
5. Angaben zum Hersteller.

Wandhydranten

Wandhydranten sind in Gebäuden installierte Wasserentnahmestellen, die zur Brandbekämpfung vorgesehen sind.

In einer meist plombierten Wandnische an einem Ventil ist ein aufgerollter Druckschlauch mit dem dazugehörigen Strahlrohr angeschlossen. In Deutschland dient dazu meist ein formbeständiger Druckschlauch-W, der noch aufgerollt von Wasser durchflossen werden kann.

Versorgt werden Wandhydranten über eine unter Druck stehende „nasse“ oder trockene Steigleitung. In letzterem Fall wird die Wasserpumpe über einen Schalter am jeweiligen Wandhydranten gestartet.

Die aktuelle Kennzeichnung von Wandhydranten erfolgt nach ASR in Verbindung mit der DIN EN ISO 7010; dargestellt wird auf dem Piktogramm der aufgerollte Löschschlauch mit seitlichen Flammen. Aufgrund trinkwasserrechtlicher Regelungen muss eine Kennzeichnung des Hydranten erfolgen, wenn er nicht Trinkwasser führt.

Wandhydranten Typ-F sind nicht nur für die Feuerwehr vorgesehen, sondern ähnlich einem Feuerlöscher für jedermann zugänglich, um einen Brand in der Entstehungsphase bekämpfen zu können. Häufig sind neben dem Wandhydranten auch ein Feuerlöscher, gegebenenfalls eine Löschdecke und ein Handfeuermelder angebracht. Der Platz vor einem Wandhydranten muss immer frei bleiben.

Rauch- und Wärmeabzüge

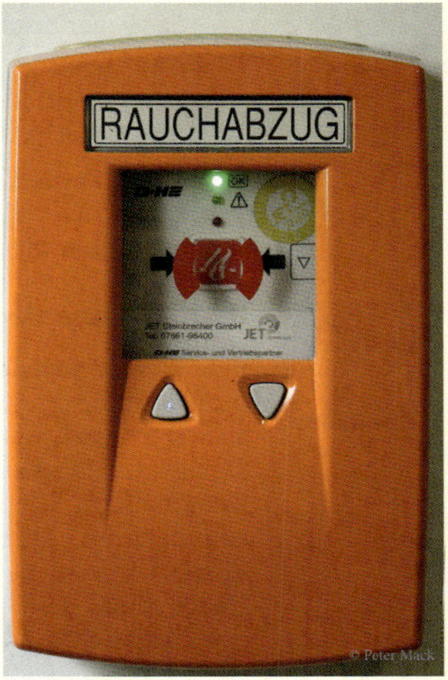

Eine Rauch- und Wärmeabzugsanlage (RWA) soll im Brandfall den Brandrauch aus Gebäuden nach außen abführen. Die RWA setzt sich aus einzelnen Rauch- und Wärmeabzugsgeräten (RWG), den Auslöse- und Bedienelementen, der Energieversorgung, den Leitungen, den Öffnungen für Zuluft und bei größeren Räumen den Rauchschürzen zusammen.

Das Wirkungsprinzip einer Rauch- und Wärmeabzugsanlage beruht auf dem natürlichen Rauchabzug infolge thermischen Auftriebs durch Öffnungen im Dach oder in der Fassade. Sie bieten dadurch die Möglichkeit, Gebäude während eines Brandereignisses möglichst rauchfrei und damit lebensrettend zu halten und gleichzeitig die Gebäudekonstruktion durch eine gezielte Wärmeabführung thermisch zu entlasten. Während es bei der Rauchfreihaltung in erster Linie darum geht, den Personenschutz durch Erhalt von ausreichenden Sichtbedingungen zu gewährleisten, geht es bei der Wärmeabführung primär um den Gebäudeerhalt bzw. die Sicherheit der Feuerwehr beim Löschen.

Werden mit natürlichen oder maschinellen Rauchabzugsanlagen im Brandfall raucharme Schichten erzeugt, unterstützen diese:

- die Selbst- und Fremdrettung von Personen (die Menschen können sehen und atmen),
- den Innenangriff der Feuerwehr (die Feuerwehr kann sehen und sich schnell orientieren, retten und das Feuer bekämpfen),
- den Sachschutz (eine Verringerung der Wärmebelastung und Rauchausbreitung schützt Gebäude und Einrichtungen),
- den Schutz gegen Betriebsausfälle (schnelles Bekämpfen des Brandes reduziert die Gefahr von längeren Betriebsausfällen).

Brandmeldeanlagen

Eine **Brandmeldeanlage** (BMA) ist eine Gefahrenmeldeanlage, die Ereignisse von Brandmeldern empfängt, auswertet und weitere Einrichtungen, z.B. akustische Signale zur Einleitung einer Gebäuderäumung, auslöst. Brandmeldeanlagen sind fest installierte manuelle und automatische Anlagen zur frühzeitigen Brandentdeckung, Warnung der betroffenen Personen und schnellen Übertragung der Brandmeldung an die zuständige Feuerwehrleitstelle.

Brandwarnanlagen (BWA) nach DIN VDE V 0826-2 dienen der Branderkennung und Alarmierung von Personen in Sonderbauten (z.B. Kindertagesstätten, Beherbergungsstätten bis 60 Betten, Seniorenheimen und ähnlichen Bauten).

Beachten Sie dabei, dass die Feuerwehr nicht automatisch wie bei einer Brandmeldeanlage alarmiert wird! Wenn die Erkundung des auslösenden Ereignisses ergibt, dass Feuerwehr oder Rettungsdienst erforderlich sind, muss telefonisch alarmiert werden.

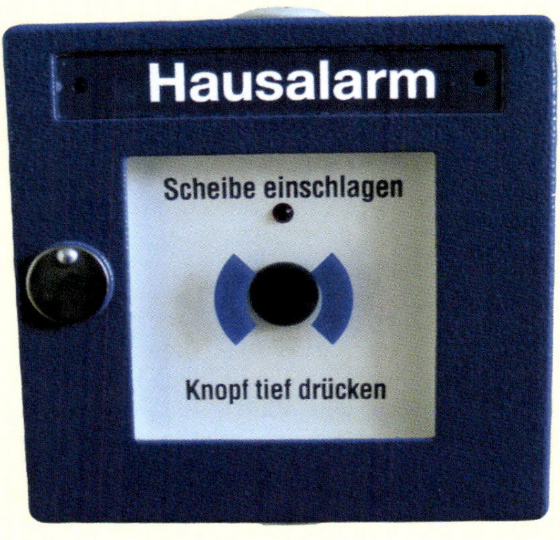

6. Verhalten im Brandfall

Alarmierung

In vielen Unternehmen, die nicht über eine BMA verfügen, ist es notwendig, eine Null vorzuwählen, um ein Amt zu erhalten. Erst dann kann z.B. die 112 für die Feuerwehrleitstelle angewählt werden. In der Brandschutzordnung Teil A muss deshalb ganz explizit angegeben sein, auf welche Weise Feuerwehr und Rettungsdienst alarmiert werden können, um keine wertvolle Zeit zu verlieren.

Je nach Art des Unternehmens kann in einem zusätzlichen Alarmplan auch angegeben sein, welche wichtigen Personen intern zu verständigen sind und wo sich etwa der nächste Arzt oder geeignete Hilfsmittel für Sofortmaßnahmen befinden.

Eine Alarmierung der Feuerwehr erfolgt durch

- **Brandmeldeanlage:**
  Die Feuerwehr wird durch Eindrücken eines Handfeuermelders oder automatisch nach Auslösen eines Brandmelders alarmiert.
- **Zurufe:**
  Alle Personen sind durch lautes, aber nicht hektisches oder übermäßig aufgeregtes Rufen „Feuer" oder „Feueralarm" zu warnen und zum sofortigen Verlassen des Gebäudes aufzufordern. Zusätzlich ist die Feuerwehr anzurufen.

- **Telefon:**
  Notruf Feuerwehr / Rettungsdienst (Amt) 112

Verhalten im Brandfall

Als Räumungshelfer sind Sie wahrscheinlich für einen festgelegten Bereich, z.B. eine Etage, zuständig. Ihre Aufgabe ist es dann, bei einer Alarmierung oder auch einer Gefahrensituation in der direkten Umgebung entsprechend des vorbereiteten Räumungskonzeptes zu handeln.

Oft ist es aber so, dass Sie sich in einem anderen Teil des Gebäudes befinden und der Auslösebereich unbekannt ist, wenn Sie die akustische Alarmierung wahrnehmen. Auch dann muss klar sein, welche Maßnahmen Sie ergreifen müssen. Entweder sind Sie nun für die Räumung des Abschnittes zuständig, in welchem Sie sich gerade befinden oder Sie suchen den Ihnen zugeteilten Bereich auf (Entfernung und Gefahren beachten!) oder Sie finden sich an dem verabredeten/festgelegten Treffpunkt für die Brandschutzhelfer ein.

Ganz allgemein ist Folgendes zu berücksichtigen:

Ruhe bewahren, keine Panik!

Angst oder Panik gilt es zu vermeiden, um keine falschen Fluchtreaktionen auszulösen. Ängstliche Personen müssen beruhigt und zum raschen Verlassen des Gefahrenortes angewiesen werden.

Brand melden!

Brand oder Gefahr sofort mit genauen Angaben über Brandstelle und Umfang des Feuers über Handfeuermelder oder telefonisch an die Feuerwehr melden.

Mitarbeiter und sonstige Personen warnen!

Nicht alle Mitarbeiter oder sonstige am Arbeitsplatz anwesende Personen bemerken den Brandausbruch. Oft wird ein „echter" Feueralarm als Probealarm aufgefasst und daher nicht ernst genommen. Warnen Sie Ihre Mitarbeiter und sonstige Personen. Stets an den Schutz der eigenen Person denken.

Lüftungs-, Transport- und Heizungsanlagen abschalten!

Rohrleitungen absperren, Gashaupthahn schließen, elektrische Anlagen ggf. spannungsfrei machen. Das außer Betrieb setzen solcher Objekte hilft oftmals die Brandausbreitung zu verhindern. Ein wichtiges Hilfsmittel ist hierbei der „Notausschalter".

Gefahrenbereiche sofort verlassen!

Gefahrenbereiche sofort über Treppenräume sowie über gekennzeichnete Flucht- und Rettungswege verlassen. Geordnetes und diszipliniertes Verhalten ist entscheidend. Helfen Sie anderen, wie z.B. Menschen mit körperlichen Einschränkungen. Folgen Sie den

Gefahrenbereiche sofort verlassen! *(Forts.)*

ausgehängten Fluchtwegpiktogrammen, die jeweils den nächsten Ausgang und Fluchtweg kennzeichnen. Stellen Sie an der Sammelstelle die Vollzähligkeit aller Personen fest.

Aufzüge nicht mehr benutzen!

Brände können Aufzugsanlagen außer Betrieb setzen. Wenn sich dann darin Menschen befinden, sind sie im brennenden Gebäude eingeschlossen. Daher nur die gekennzeichneten Flucht- und Rettungswege benutzen.

Festgelegte Maßnahmen gemäß der Brandschutzordnung durchführen!

In der Brandschutzordnung Teil B sind die Handlungsanweisungen und Regeln zur Brandverhütung und -bekämpfung und zum Verhalten in sonstigen Schadensfällen beschrieben. Löschversuche mit Feuerlöscher oder Wandhydranten unternehmen, soweit der Brand noch in der Entstehungsphase ist und die Brandbekämpfung ohne Eigengefährdung möglich ist. Bedienungsanweisungen der Löscheinrichtungen beachten! Bei erfolglosem Löschversuch oder größeren Bränden bringen Sie sich in Sicherheit.

Rettung von Menschenleben geht vor Brandbekämpfung!

Menschen mit körperlichen Einschränkungen und Besucher, die sich im Gebäude nicht auskennen, sollten verstärkt betreut werden. Personen mit brennenden Kleidern am Fortlaufen hindern und ablöschen!

7. Besonderheiten

Bereits in Kapitel 1 hatten wir sehr global das Tätigkeitsfeld des Räumungshelfers im Alltag sowie in der akuten Räumungssituation umrissen.

Abschließend sollen nun noch einige Hinweise zu Besonderheiten der Tätigkeit eines Räumungshelfers in verschiedenen Tätigkeitsfeldern erfolgen.

Sicherlich können hier nicht sämtliche Aspekte aller möglichen Tätigkeitsfelder im Detail aufgeschlüsselt werden, so dass die nachfolgenden Hinweise für Sie auch als Denkansatz gelten sollen, die Liste ganz individuell und bezogen auf Ihren Arbeitsplatz bzw. Ihr Unternehmen/ Ihre Behörde zu ergänzen.

Industriebauten

- Nicht selten sind hier Besuchergruppen unterwegs, die eine Industrieanlage besichtigen, aber auch ausländische Kunden oder Geschäftspartner können

sich dort aufhalten: Diese Personengruppen müssen beim Betreten einer Anlage registriert sein und dürfen sich niemals ohne Begleitung bewegen.

- In größeren Industrieanlagen gibt es häufig mehrere Sammelplätze. Die Kommunikation zwischen den Sammelplätzen muss gewährleistet sein, damit jederzeit erkennbar ist, ob ggf. noch Personen vermisst werden und dies an die Feuerwehr gemeldet werden muss.
- Bei der Räumung von Gebäuden mit industrieller Fertigung besteht ggf. Unfallgefahr durch aktive Maschinen, autonome Serviceroboter oder auch z.B. durch das notfallbedingte automatische Öffnen von Ablassventilen, aus denen etwa heißer Dampf entweicht.

Verkaufsstätten

- In Verkaufsstätten muss berücksichtigt werden, dass dort eine Vielzahl unterschiedlicher Personengruppen zusammenkommen können, die bei einer Räumung auch völlig unterschiedlich reagieren oder ggf. NICHT reagieren:
  - Betagte Personen mit Gehhilfen,
  - Betagte Personen, die nur sehr langsam laufen können,
  - Personen mit körperlichen Einschränkungen, die auf Gehhilfen oder Rollstuhl angewiesen sind,
  - Personen, die schlecht oder gar nicht sehen bzw. hören können,
  - Diese Personengruppen benötigen aktive Hilfe durch die Räumungshelfer und sind nicht sich selbst zu überlassen. Hier muss auf die betreffenden Gruppen zugegangen und Hilfe angeboten werden. In der Regel wird diese auch angenommen,

- Sollte Hilfe abgelehnt werden, keinen Druck ausüben, kein Drohen mit Polizei etc., sondern behutsam argumentieren und mit Feingefühl kommunizieren. Kommunikatives Gespür und Eloquenz sind hier gefragt,
- Personen, die aufgrund von Fremdsprachigkeit Räumungsdurchsagen nicht verstehen,
- Personen, mit denen Sie ggf. aufgrund von deren Fremdsprachigkeit nicht kommunizieren können,
- In größeren Verkaufsstätten empfiehlt es sich, wenn ein ganz kurzes Informationsblatt zur Räumung in mehreren Sprachen vorhanden ist, das ggf. hier unterstützend dem Kunden vorgezeigt werden kann,

- Mehrsprachige Räumungshelfer sollten Standard sein,
- Personen, die keinesfalls ihren vollen und ggf. noch nicht bezahlten Einkaufswagen „aufgeben“ wollen,
- Personen, die bewusst den Versuch unternehmen, in Verkaufsräumen zu bleiben, um ggf. Waren zu entwenden.

- Effektive Kontrollen ganzer Etagen müssen mit mehreren Räumungshelfern, die miteinander in Verbindung stehen, sichergestellt sein.
- Ein festes Kontrollschema für Etagen muss vorab entworfen werden, damit kein Bereich, der zu räumen ist, unberücksichtigt bleibt.

Büro- und Verwaltungsgebäude

- In Büro- und Verwaltungsgebäuden muss berücksichtigt werden, dass mitunter eine recht große Zahl unterschiedlicher Nutzer auf den Etagen vorhanden ist. Auf großflächigen Etagen können zum Beispiel diverse Firmen, Kanzleien, Behörden etc. tätig sein und dies ist auch über mehrere Stockwerke denkbar.
- Hier müssen im Vorfeld klare Konzepte erarbeitet werden, wie im Falle einer Räumung die einzelnen „Parteien“ im Gebäude miteinander wirken und wer welche Verantwortlichkeiten hat.
- Ebenso wie in der Verkaufsstätte muss hier mit verschiedenen Personengruppen gerechnet werden.
- Ggf. ist eigenes Personal vorhanden, das auf Gehhilfe oder Rollstuhl angewiesen ist. Hier muss im Vorfeld eines Ernstfalles klar sein, dass diese Personen bei der Räumung Hilfestellung durch festgelegte Betreuungspersonen haben.

© AdobeStock/fascinadora

- In mehrgeschossigen Verwaltungsgebäuden mit unterschiedlichen Nutzungseinheiten kann es ggf. unterschiedliche Alarmierungssysteme geben oder es muss ggf. aktiv verbal alarmiert werden. Dies ist Aufgabe der Räumungshelfer, die auch etagenübergreifend aktiv sein müssen.
- Alle Nutzer eines solchen Gebäudes müssen über das Verfahren und die Verantwortlichkeiten bei einer Räumung schriftlich informiert sein.
- Verantwortliche Personen wie Brandschutz- und Räumungshelfer müssen überall bekannt sein.
- Kommunikation per Telefon untereinander muss mittels stets aktueller Telefonliste jederzeit möglich sein – auch zur telefonischen Alarmierung im Haus.

Krankenhäuser, Reha-Zentren und Pflegeeinrichtungen aller Art

In Krankenhäusern, Reha-Zentren und Pflegeeinrichtungen ist die Besonderheit, dass dort eine große Zahl von Patienten untergebracht ist, die tagsüber ggf. auch Besuch erhalten.

Hier existieren meist sog. „Räumungskonzepte", aus denen hervorgeht, wie im Falle eines Brandes bestimmte Gefahrenbereiche geräumt werden.

In Krankenhäusern ist es nicht üblich, eine komplette Räumung vorzunehmen, wenn ein Brand auf einen bestimmten Bereich eingegrenzt bleibt. Daher gibt es in Krankenhäusern etc. sehr hohe Anforderungen an den baulichen Brandschutz.

Ist etwa ein bestimmter Bereich verraucht, so ist es i.d.R. problemlos möglich, gefährdete Personen durch eine sog. „horizontale Verschiebung" in einen anderen sicheren Rauchabschnitt zu bringen.

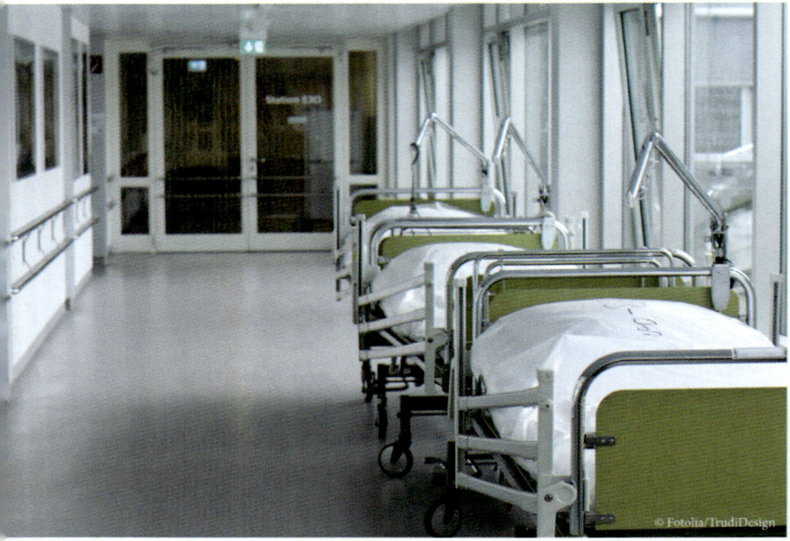
© Fotolia/TrudiDesign

Darüber hinaus sind Bereiche wie Schockraum oder Operationssäle so weit gesichert und autark, dass dort nicht geräumt wird, was zudem bei einer laufenden Operation ein hohes Risiko für die Patienten wäre.

Grundschulen und Kindertagesstätten

In Grundschulen oder im Bereich von Kindertagesstätten liegen die Räumungen im Aufgabenbereich der Erzieher. Hier bewähren sich oftmals spielerische Konzepte, die aber immer wieder mit den Kindern trainiert werden müssen.

Wichtig ist hier, keinerlei Angst zu verbreiten und ganz behutsam die Kinder aus dem Gefahrenbereich zu begleiten.

Die Kontrolle des Gefahrenbereiches ist hier von sehr hoher Wichtigkeit. Kinder neigen bei Gefahr dazu, ein Versteck aufzusuchen. So müssen bei der Kontrolle auch alle möglichen Verstecke (in Schränken, in Wäschekörben, unter der Spüle in der Küche etc.) bedacht und abgesucht werden.

Außerdem…

- Sogenannte „Rollenkarten“, die in jede Brief- oder Hemdtasche passen und möglichst laminiert sein sollten, sind ein probates Hilfsmittel für die Räumungs- und Brandschutzhelfer.
- Auf den „Rollenkarten“ stehen kurz und knapp die Aufgaben, die während eines Räumungsalarmes zu übernehmen sind und zudem die zugewiesenen Bereiche im Gebäude.

- Leuchtwesten mit der Aufschrift „Räumungshelfer" (hinten UND vorne) machen auch fremden Personen gegenüber deutlich, dass hier eine Person ist, die „mir" hilft und die Verantwortung trägt in der Gefahrensituation.
- Die Leuchtweste kann aber auch dazu beitragen, dem Räumungshelfer durch diese Art der „Uniformierung" ein gewisses Mehr an Autorität zu geben.
- Räumungsdurchsagen in großen Behörden oder Verkaufsstätten sollten nach Möglichkeit in mehreren Sprachen erfolgen.
- Mehrsprachige Infozettel für die Hand des Räumungshelfers sind sinnvoll, um damit auch Personen zu informieren, die vielleicht asiatische oder arabische oder andere Sprachen sprechen.
- Handsprechfunkgeräte für die Räumungshelfer ermöglichen im Notfall eine rasche Kommunikation, an der alle Personen auf demselben Kanal sofort teilhaben können und Informationen erhalten (Vorteil gegenüber Handynutzung).

8. Akustische Warnsignale

Akustische Signale sind fester Bestandteil von Brandmelde- und Sicherheitssystemen. Ziel ist es, unmittelbar nach Entdeckung eines Brandherdes oder einer anderen Gefahrensituation die Personen in dem betroffenen Gebäudebereich schnellstmöglich zu warnen und zu evakuieren.

Die Norm DIN EN ISO 7731 beschreibt unterschiedliche Arten von Gefahrensignalen und die damit verbundenen Reaktionen.

Art der Gefahrensignale	Erforderliche Reaktion
Akustisches Notsignal zur Räumung:	Sofortiges Verlassen des Gefahrenbereiches
Akustisches Notsignal:	Dringliche Rettungs- und Schutzmaßnahmen
Akustisches Warnsignal:	Vorbeugende und vorbereitende Handlungen

Die akustischen Warn- und Notsignale können in den Betrieben unterschiedlich eingerichtet sein (z.B. lautes Läuten einer elektrischen Glocke oder definierte Tongebung mit Hupe/Sirene. Informieren Sie sich daher bei Ihrem Arbeitgeber oder der Fachkraft für Arbeitssicherheit über die in Ihrem Betrieb verwendeten akustischen Warnsignale!

8. Bei Gebäuderäumung ...

Stellen Sie sicher, dass …

… der Gefahrenbereich geordnet und ohne Hektik verlassen wird,

… nur die vorgegebenen Fluchtwege benutzt werden,

… keinesfalls Aufzüge genutzt werden.

Überprüfen Sie, ob …

… alle Personen den Gefahrenbereich verlassen haben,

… in nicht ständig genutzten Räumen wie Toiletten- oder Lagerräumen etc. noch Personen sind.

Gehen Sie aktiv ...

... auf fremde oder hilfsbedürftige Personen zu und geben Sie Hinweise bzw. begleiten Sie diese aus dem Gefahrenbereich heraus.

Melden Sie ...

... vermisste Personen bzw. Personen, die sich weigern, der Räumungsanordnung zu folgen der Einsatzleitung der Feuerwehr oder Polizei über die intern vereinbarten Kommunikationskanäle.

Suchen Sie ...

... nach erfolgter Räumung den Sammelplatz auf bzw. verbleiben Sie an der ggf. außerhalb des Gebäudes zugewiesenen Position.

Melden Sie ...

... der Einsatzleitung die Räumung des Gebäudes.

Vermeiden Sie ...

... bei all Ihren Handlungen und Anweisungen Panik oder Hektik und sprechen Sie ruhig und deutlich! Strahlen Sie Besonnenheit aus!